鸡蛋
如何变成小鸡

[英] 塔尼娅·康德◎著

[英] 卡洛琳·富兰克林◎绘

岑艺璇◎译

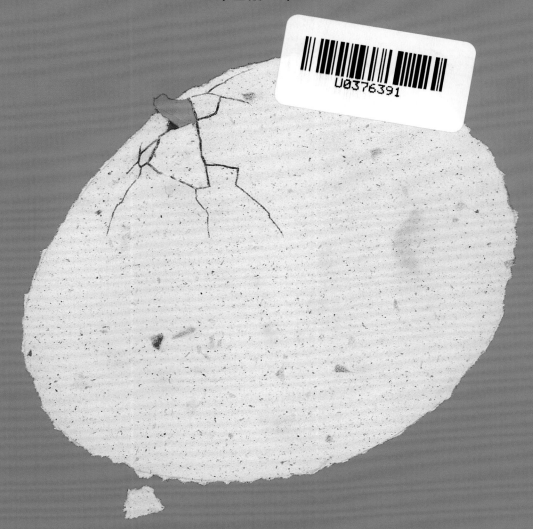

吉林科学技术出版社

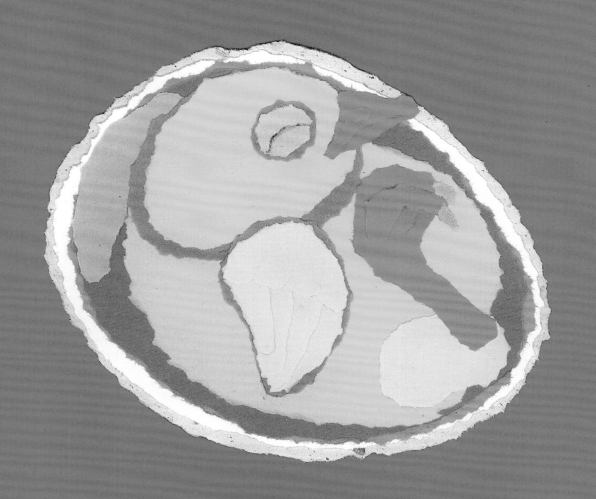

目　录

什么是鸡?

鸡 是一种鸟类，所有的鸟都有羽毛、喙和一双翅膀。雌性的鸡称为母鸡，雄性的鸡称为公鸡，鸡宝宝称为雏鸡。所有鸡的生命都是从鸡蛋开始的。

成年母鸡

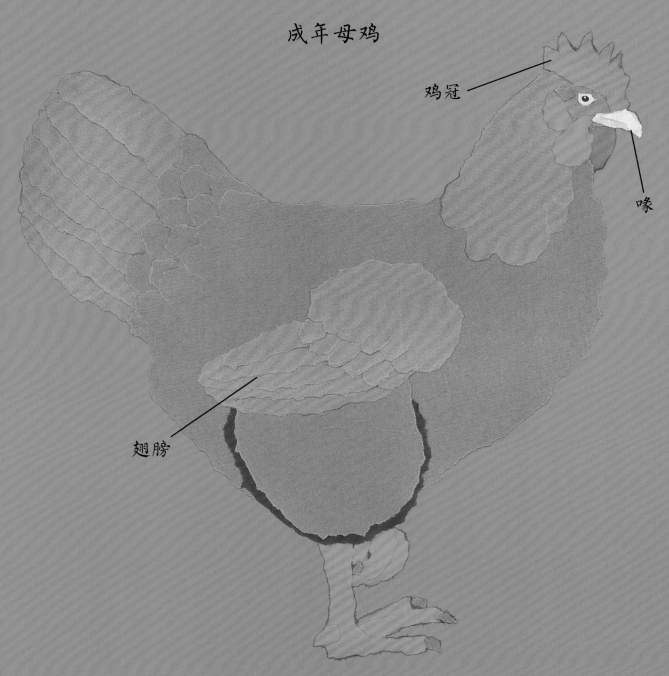

鸡冠

喙

翅膀

成年公鸡

鸡冠

喙

垂冠

翅膀

母鸡为什么要筑巢？

所有的母鸡都会产蛋，在产蛋之前，它会建一个柔软的、温暖的窝，保证鸡蛋的安全和孵育温度。它一般会使用稻草来建窝，再铺上一层它自己的软毛。

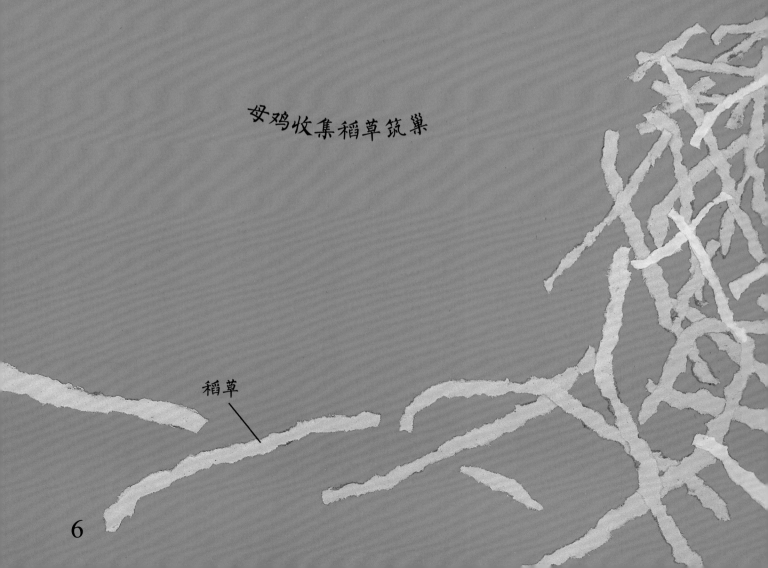

母鸡收集稻草筑巢

稻草

一旦巢建好了，母鸡就可以产蛋了，它每天产1~2个鸡蛋。

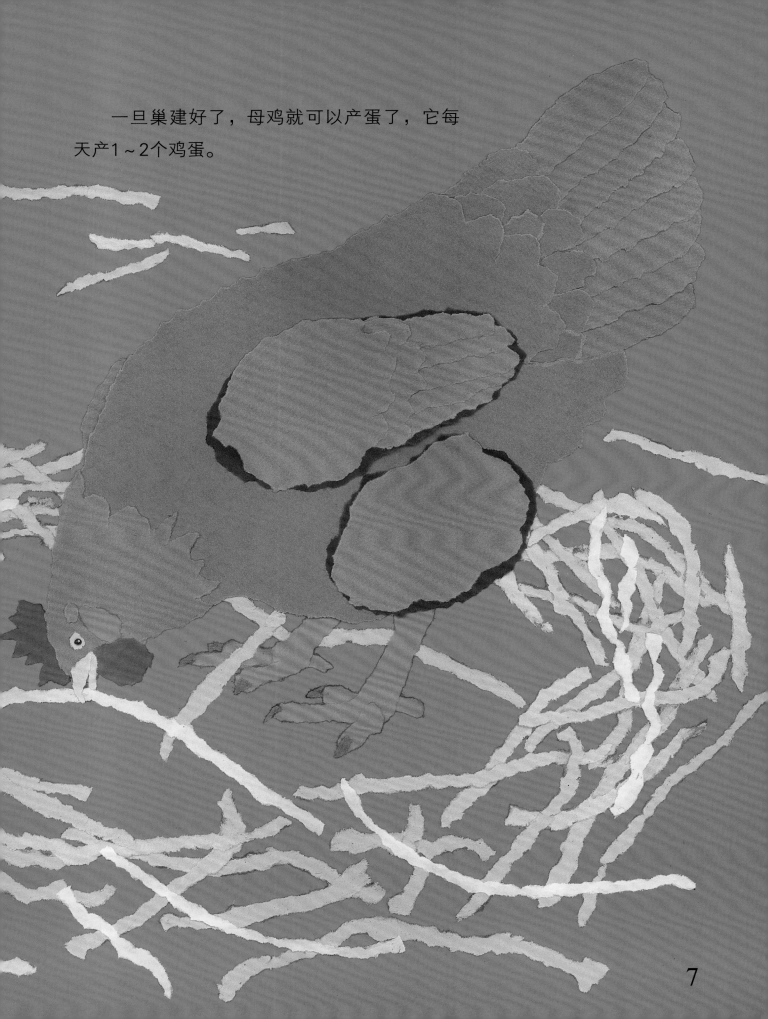

鸡蛋里面有什么？

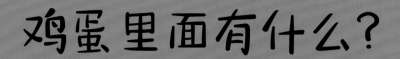

母鸡和公鸡交配后，母鸡的体内会产生受精卵。鸡蛋只有在受精后才会孵化，每个受精卵都含有保证鸡蛋能孵出雏鸡的物质。

我们从市场上购来的鸡蛋是没有受精的，所以里面没有雏鸡。

鸡蛋

咯咯咯
咯咯咯

鸡窝

9

雏鸡在鸡蛋内是怎样生长的？

最开始雏鸡在鸡蛋内只是一小团，叫作胚胎，当胚胎渐渐长大，就慢慢长成雏鸡的样子。

鸡蛋里含有黄色的蛋黄，雏鸡以蛋黄为食，这有助于它的生长。

胚胎和蛋黄位于蛋清（蛋白）中间，这种果冻状物质可保护胚胎并帮助其生长。

10

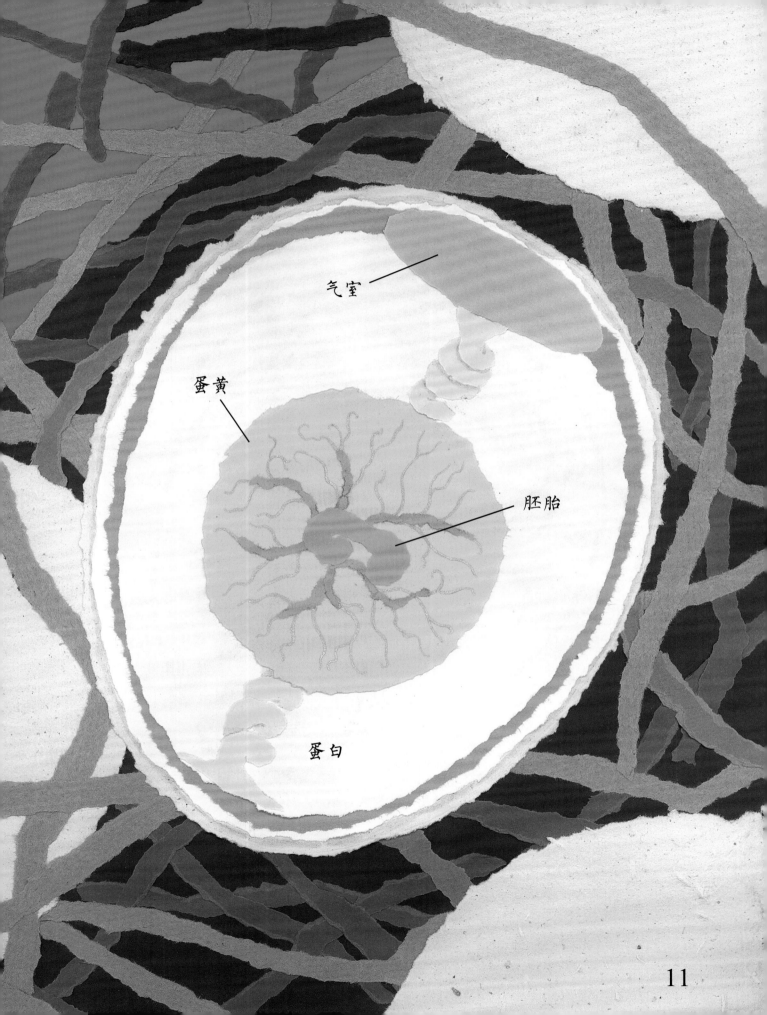

气室

蛋黄

胚胎

蛋白

母鸡为什么坐在鸡蛋上？

母鸡坐在鸡蛋上是为了保持鸡蛋的温度，这称为育雏。不用担心鸡蛋会被母鸡压碎，因为鸡蛋的外壳是坚硬的。

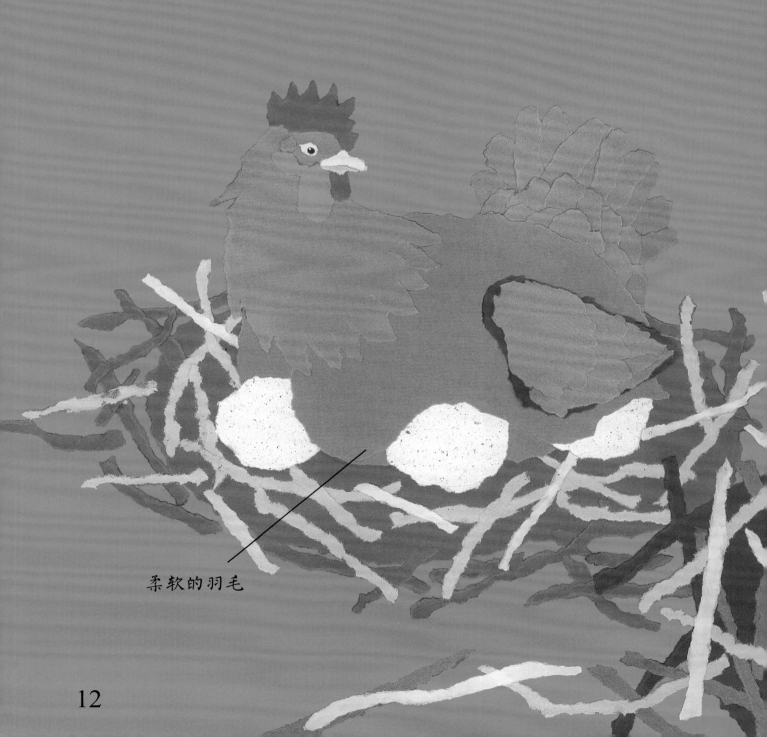

柔软的羽毛

母鸡用柔软的羽毛覆盖着鸡蛋，它时不时地转动鸡蛋，使它们保持温度。

咯咯咯
咯咯咯

母鸡在召唤它的宝宝们

鸡蛋什么时候孵出雏鸡?

21 天后，鸡蛋中的鸡宝宝开始发出"吱吱"的叫声，这让母鸡知道它的宝宝即将孵化，母鸡发出"咯咯咯"的声音来鼓励它们破壳而出。

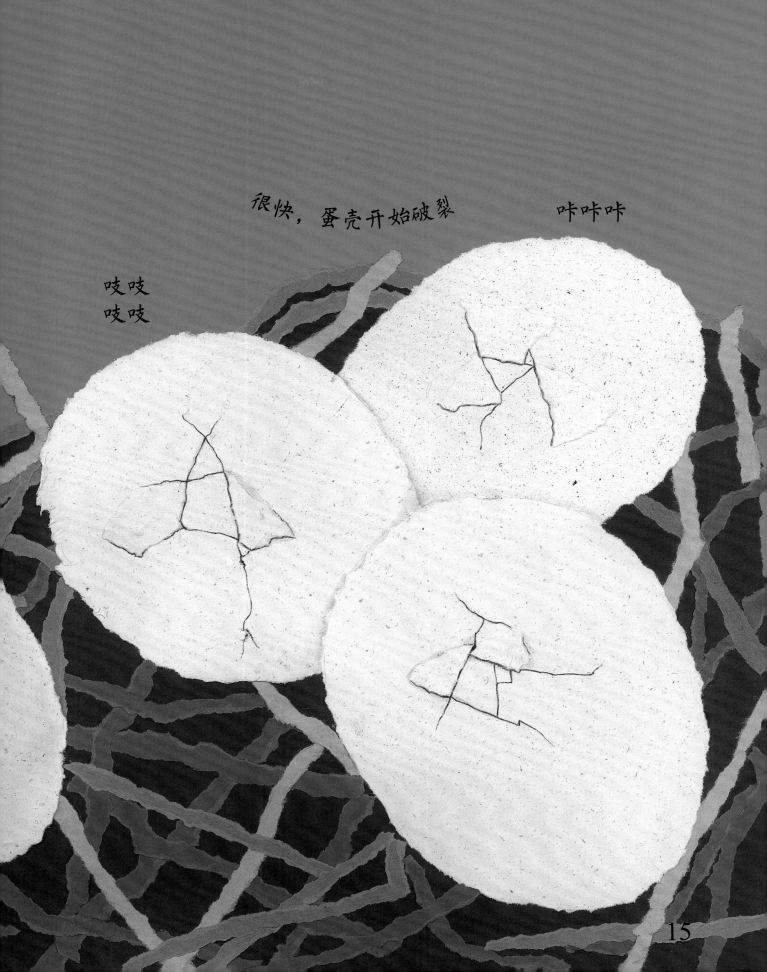

很快，蛋壳开始破裂　　咔咔咔

吱吱
吱吱

15

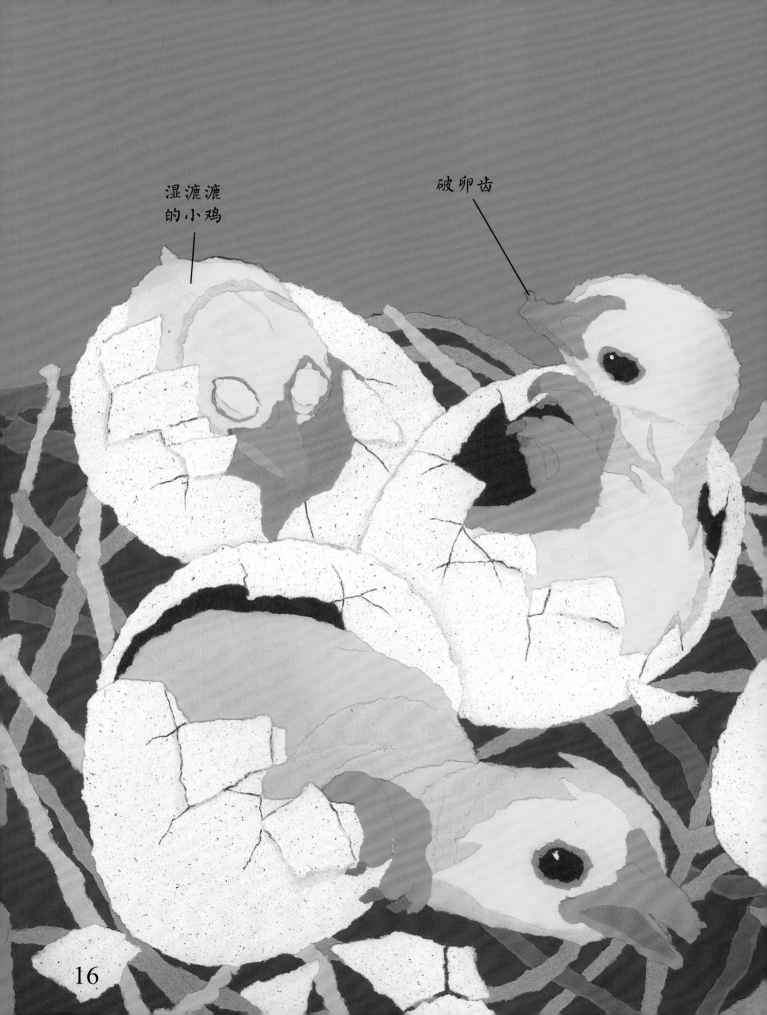

湿漉漉
的小鸡

破卵齿

16

小鸡如何从鸡蛋中挣脱出来？

小鸡的喙上有一个小点，称为破卵齿，它使用破卵齿从内部在蛋壳上打洞。小鸡需要几个小时才能破壳而出。小鸡刚孵化出来时，全身又湿又黏，不过很快就干了，看起来像个蓬松的圆球。

唧唧
唧唧
唧唧

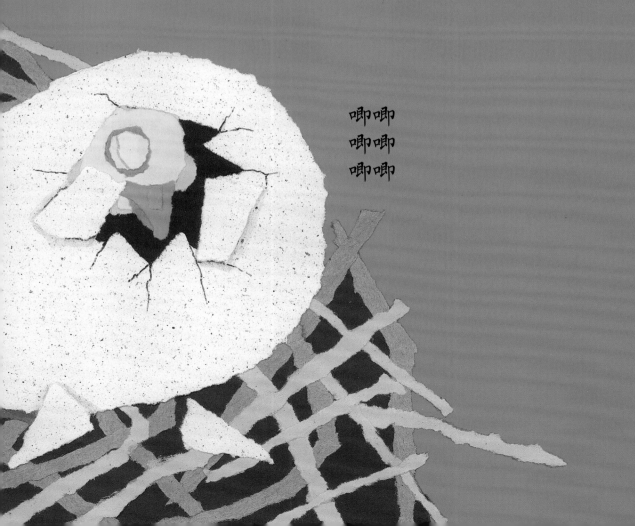

雏鸡吃什么？

即使是刚破壳而出的雏鸡，也要与母亲吃相同的食物，它们在地面上啄食并刨来刨去，寻找谷物、杂草和蛆虫。

雏鸡总是发出"吱吱"的声音，所以妈妈知道它们在哪里。

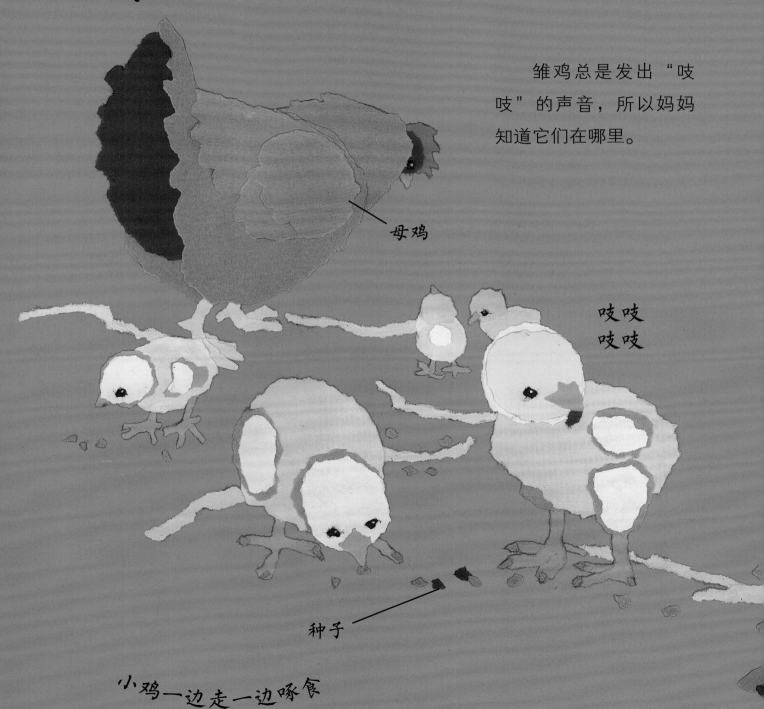

母鸡

吱吱
吱吱

种子

小鸡一边走一边啄食

起初，小鸡跟随着它们的母亲。随着年龄的增长，它们开始探索自己的新环境。

毛茸茸的小鸡正在长大

蛆虫

谷物

雏鸡什么时候成年？

随着不断长大，雏鸡开始长出新的羽毛。几个月后，雏鸡将褪去蓬松的黄色羽毛，长出成年羽毛。大约25周，雏鸡成年，母鸡开始准备产下第一个鸡蛋。

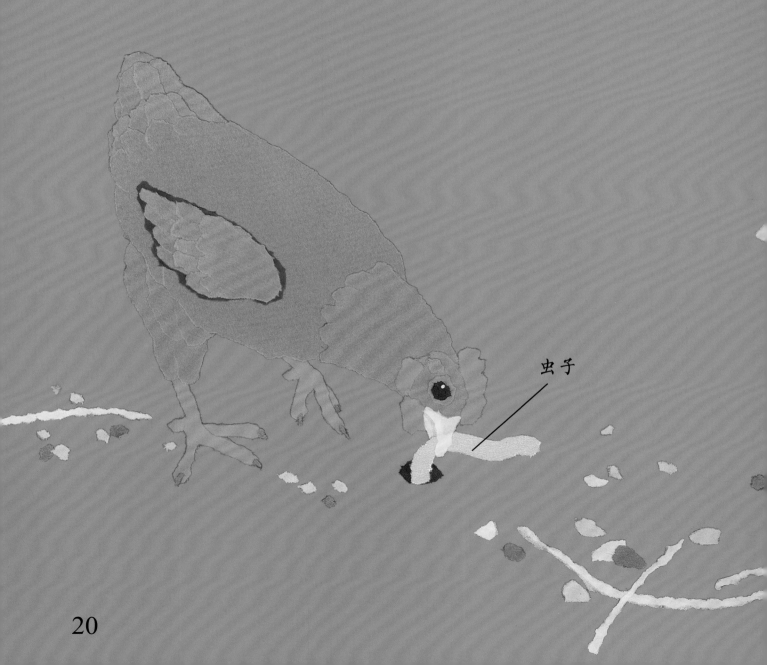

虫子

20

鲜艳的
红鸡冠

矮脚鸡是一种体
形较小的鸡。

矮脚鸡

哪些动物喜欢以鸡蛋为食？

鸟类、狐狸、蜥蜴和蛇都喜欢吃鸡蛋。为了吃到蛋壳内部的食物，一些动物会咬破或啄破蛋壳，其他动物会用石头砸破蛋壳，而蛇喜欢吞下整个鸡蛋。

大声
尖叫

22

饥饿的狐狸

母鸡保护鸡蛋

母鸡试图保护它的鸡
蛋，她拍打着翅膀，发出
尖叫声，想将狐狸吓跑。

23

人类为什么要养鸡？

人类养鸡是为了获得鸡蛋和鸡肉。它们通常被饲养在农场、谷仓或专门建造的鸡舍里。

吱吱
吱吱

鸡是群居动物，鸡群通常由
母鸡和它的鸡宝宝组成。有时，
鸡群中也会有一只公鸡。

咯咯
咯咯

与鸡有关的一些知识

生活在亚洲、非洲和南美洲的热带森林中的野鸡被称为原鸡。

一只品质好的产蛋鸡每年会产下250~300个鸡蛋。

有时候，年轻力壮的母鸡会产下有两个蛋黄的鸡蛋。

鸡蛋比你想象的要坚硬，正常的鸡蛋在被压碎之前能支撑近5公斤的重量。

鸡的平均重量为2.5公斤，鸡翼展开长度约为85厘米。

咯咯
咯咯

咦咦
咦咦

27

做做看

请一位家长帮你一起做下面这些实验。

看看鸡蛋有多坚硬

为了防止操作失误，请在水槽上方进行这个实验。将鸡蛋放在手掌上，将手握拳，使手指完全包裹鸡蛋，通过在蛋壳周围均匀加压来挤压鸡蛋。

如果操作正确，鸡蛋将不会破裂，这是因为手指的压力会分散在整个鸡蛋的表面。

鸡蛋磕在碗的边沿很容易破裂，因为压力完全集中在鸡蛋和碗边的接触点上。

28

漂浮的鸡蛋

1. 将生鸡蛋放入一杯水中，鸡蛋会浮在水面上还是沉下去？

它应该下沉，除非它是不新鲜的鸡蛋（不新鲜的鸡蛋里面会有空气）。

2. 将8汤匙盐加入水中并搅拌，看看现在会发生什么？

搅拌能使盐充分溶解在水中。添加盐之后，水的密度比鸡蛋大，所以这时鸡蛋会漂浮在浓盐水中。

鸡的生命循环

成年母鸡

2天

孵出后一天

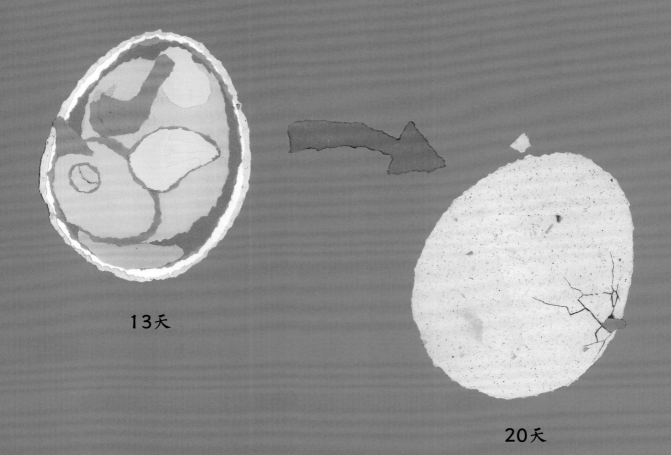

13天

20天

刚孵出来

© The Salariya Book Company Limited year
The simplified Chinese translation rights arranged through Rightol Media
（本书中文简体版权经由锐拓传媒旗下小锐取得Email:copyright@rightol.com）

吉林省版权局著作合同登记号：
图字　07-2020-0061

图书在版编目（CIP）数据

　鸡蛋如何变成小鸡 ／（英）塔尼娅·康德著 ； 岑艺
璇译. -- 长春 ： 吉林科学技术出版社，2021.8
　　ISBN 978-7-5578-8088-0

　　Ⅰ．①鸡… Ⅱ．①塔… ②岑… Ⅲ．①鸡—儿童读物
Ⅳ．①S831-49

　　中国版本图书馆CIP数据核字(2021)第103235号

鸡蛋如何变成小鸡
JIDAN RUHE BIANCHENG XIAOJI

著　　者　[英]塔尼娅·康德
绘　　者　[英]卡洛琳·富兰克林
译　　者　岑艺璇
出 版 人　宛　霞
责任编辑　杨超然
封面设计　长春美印图文设计有限公司
制　　版　长春美印图文设计有限公司
幅面尺寸　210 mm×280 mm
开　　本　16
印　　张　2
页　　数　32
字　　数　25千字
印　　数　1-6 000册
版　　次　2021年8月第1版
印　　次　2021年8月第1次印刷

出　　版　吉林科学技术出版社
发　　行　吉林科学技术出版社
地　　址　长春市福祉大路5788号
邮　　编　130118
发行部电话/传真　0431-81629529　81629530　81629531
　　　　　　　　　　81629532　81629533　81629534
储运部电话　0431-86059116
编辑部电话　0431-81629518
印　　刷　吉广控股有限公司

书　　号　ISBN 978-7-5578-8088-0
定　　价　22.00元